やりくりーぜちゃんと地球のまちづくり

日建設計総合研究所
作・画

工作舎

はじめに

地球全体の温度があがると、自然災害や病気などさまざまな問題を

ひきおこすという。だから、早くなんとかしなければ！

この本の主人公《しゅじんこう》“やりくりーぜちゃん”は、地球温暖化防止《おんだんかぼうし》のために

その原因をさぐり、環境がよくなる方法を見つけ、考え、

できることがあれば実践《じっせん》していきます。

将来はサイエンティストになりそうな“けずるくん”もいっしょ。

ゆかいな仲間たちも集まってきます。

昔の生活をたずねたり、毎日の生活の中で疑問に思うことを調べるうちに、

建物《たてもの》やまちづくりにも、温暖化防止のアイデアが

たくさんあることを知ります。

さあ、みんなといっしょに、小さな第一歩を踏みだしましょう。

もくじ

4 まちに出て やりくりのタネをさがそう！

5 地球のまちづくり どうすればいいの？

おもな登場キャラクター

やりくりーぜちゃん

中学１年生のおとなしくてまじめなポニーテールの女の子。
地球のために、部屋《へや》の電灯《でんとう》をまめに消したり、
リサイクルをがんばったり、
環境によさそうなことに積極的にチャレンジしている。

けずるくん

やりくりーぜちゃんのクラスメート。クラスでも
大人気の男の子。「未来の地球はいまの子どもたちが守る」
という使命感《しめいかん》をもって、
地球温暖化対策について勉強している。

ことりのやっぴー

けずるくんといつもいっしょにいる小鳥。
けずるくんが困ったときは、必ず手をかして助ける。
知識が広く深い。発言はときに哲学的《てつがくてき》。

風ハンター

田舎《いなか》で生まれ育った雄《オス》ネコ。
家族と都会くらしをしていて、都会に吹く風を
見つけては、ひげをつかって風に乗る。
風に乗ると田舎を思い出す。

カバぞう

とにかく暑がりで、汗っかき。
夏は、少しでも涼《すず》しくなることを見つけようと、
いっしょうけんめい。
じつは力もちで足も速い。

ちゃっぴーとちゃたろう

やりくりーぜちゃんのクラスメートのネズミ。
リサイクルできるものをふたりでさがして、
まちじゅうを探検している。

1

地球になにが起きているの?

温室効果《おんしつこうか》ガスが増《ふ》えている

夏がすごく暑くなったり、豪雨《ごうう》や竜巻《たつまき》が
発生することが多くなっているけど、
この「異常気象《いじょうきしょう》」は地球温暖化のせいなの？

きっとそうだよ。
地球温暖化が異常気象に大きく影響しているにちがいない。
だって温暖化の原因である温室効果ガスは、
いまもどんどん増えているんだから。

代表的な温室効果ガスは、二酸化炭素（CO_2）、メタン（CH_4）、一酸化二窒素《ちっそ》（N_2O）、ハイドロ・フルオロ・カーボン類（HFC類）、パー・フルオロ・カーボン類（PFC類）、六フッ化硫黄《いおう》（SF_6）の６種類です。

温室効果ガスって？

たとえばビニールハウスは一種の温室。光をとおすのは得意《とくい》だけど、熱をにがすことは不得意なんだ。太陽の光が地面に当たって熱に変わると、その熱をためこんで、外へは出さない。だからビニールハウスの中は暑いよね。
それと同じで、温室効果ガスが多くなって地球をおおうようになると、地球が大きなビニールハウスに入った状態になって、暑くなるんだ。

多すぎるのは
二酸化炭素《にさんかたんそ》

温室効果ガスの中でも、二酸化炭素の増えすぎが、
地球温暖化をどんどん進めているんだ。
これまでは二酸化炭素を海や森が吸収してくれていた。

それで地球のバランスがとれていたというわけね。

ところが大気中の二酸化炭素が増えすぎたことと、
森が減《へ》ったり、海が汚《よご》れたことが原因で、森も海も二酸化炭素を
吸収しきれなくなってきたんだ。二酸化炭素が増える原因は、
ぼくたち人間が、石炭や石油やガスなどの
化石燃料《かせきねんりょう》をエネルギーにして、たくさんの機械を
動かして便利な生活をしてきたからなんだ。

石炭や石油やガスなどの化石燃料を
燃やしてエネルギーを作ると、
二酸化炭素が発生します。

わたしたちは、どれくらい二酸化炭素を出しているの？

ぼくたちひとりひとりが呼吸することによって出す
二酸化炭素は、１日だいたい９００グラム。
１年分の二酸化炭素を吸収するには２３本の元気な杉の木が必要だ。

ところが便利な日本でくらすぼくたちは、ひとり１日、
約２６キログラムもの二酸化炭素を出している。
それを吸収するためには、なんと１年間で６８０本もの杉の木が必要なんだ。
６８０本の杉の木を育てるのに必要な面積は約８０００m^2。
２５m×１０mのプール約３２個分だよ！

［出典：林野庁《りんや》のHPと子ども環境白書２０１４より算出《さんしゅつ》］

1日

呼吸だけなら、1日で
900グラムの
二酸化炭素を出しているわ。

1年間

1年間で、320キログラム、
杉の木23本分

地球全体でみると、日本の2012年の二酸化炭素排出量は世界の４%、約12億トンです。杉の木の専有面積は12m²／本として計算しています。（環境省・林野庁「地球温暖化防止のための緑の吸収源対策」より）

1日

いまの日本人は、
1日で26キログラム

1年間

2

身近《みぢか》なことから はじめてみよう

CO_2 マン
CO_2 マン

ふだんの生活をチェックしてみよう

必要のない電灯がついていたら消す。
冷房の設定《せってい》温度をあげる。買い物にはエコバッグ。
リサイクルできるものはリサイクルする。
そういうみんなの毎日の努力で温暖化は防《ふせ》げないの？

やりくり
やりくり
やりくり
やりくり
温度《おんど》を
上げるの。
ぴっ！
消《け》すわ。
パチッ！

リサイクル
ペット
ボトル
エコバック

生活のやりくりには
“限界”がある

もちろん、毎日のくふうや努力はとても大切だよ。
だけど、それには限界がある。
ぼくたちが、いっしょうけんめいに節約《せつやく》しても、
二酸化炭素を出さない生活なんてありえない。だから効率的《こうりつてき》に
エネルギーを使うためのくふうをしていくことが大切なんだ。

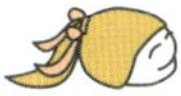たしかに夜には電灯が必要だし、エアコンをまったく
使わない生活、冷たい料理ばかりの食事なんて考えられないわ。
どうしても電気は必要よね。

やりくりをまちや建物《たてもの》に広げよう

やりくりにも発想《はっそう》の転換《てんかん》が必要ってことね。

でも、どこから……？

たとえば「建物」が夏は涼しく、冬は暖かい、
というつくりになっていたらどうだろう。ストーブやエアコンに
たよる分が減るから、二酸化炭素の量も少なくなるよね。
そしてその「建物」がたくさん集まる「まち」にも、少ないエネルギーで
快適《かいてき》にくらせるくふうがあると、もっといいよね。
たとえば、風がよくとおるまちなら、エアコンなしでも涼しく
くらせるかもしれないよ。
毎日の生活のやりくりに加えて「まちや建物」の対策があれば、
もっと大きな効果をあげることができるんだ。

3

昔からの知《ち》恵《え》を見なおしてみる

熱
冷

すだれと
気《き》化《か》熱《ねつ》に注目！

まずは「建物」のくふうをさがしてみよう。

あっ、ひかげでおしゃべりしているのは、
ひいおばあちゃんのおばあちゃん…かしら！

昔の日本人は、窓の外にすだれをかけて、
風をとおしながら暑い陽《ひ》ざしをさえぎるくふうをしていたんだ。
エアコンがない時代のこうした知恵は、いまでも活《い》かされているね。

そうね、すだれをかけている家をときどき見かけるわ。
玄関《げんかん》さきや道路に水をまくのも昔からのくふうのひとつなのね。

打《う》ち水《みず》のことだね。
水が蒸発《じょうはつ》するときに、まわりの空気から熱をうばう気化熱の性質を
利用して気温をさげるくふうなんだ。

水などの液体には、蒸発するときにまわりの熱をうばう性質があります。その熱を「気化熱」といいます。たとえば、おふろあがりに体についた水滴をそのままにしておくと寒気を感じます。これは水滴が蒸発しようとしてまわりの熱、つまり体温をうばうから寒く感じるんです。「打ち水」は気化熱の性質を利用した昔ながらの知恵です。

すだれ×気化熱《きかねつ》=緑のカーテン

今年の夏は、学校だけでなく家でも緑のカーテンを育てたから、おかげで、すごく涼しくすごせたわ。学校はヘチマ、家ではゴーヤを植えたの。

緑のカーテンは、すだれと同じように葉っぱで陽ざしをさえぎっている。それだけではなくて、植物は、根っこから吸い上げた水を、葉っぱの裏から蒸発させている。このとき葉っぱのまわりの空気は気化熱のしくみで温度がさがるんだ。
緑のカーテンはきれいだし、実《み》のなる植物を植えれば収穫もできて、まさにやりくりじょうずなやりくりーぜちゃん向きだね。

根から吸い上げた水を葉の裏から
蒸発させることを蒸散《じょうさん》といいます。

すだれ効果じゃ
気化熱効果さ

冷
冷
緑のカーテンよ

素《す》焼《や》きのつぼの不思議

おとうさんがね、出張《しゅっちょう》で南の暑い国へ行ったの。
そこでは、冷たい水を素焼きのつぼに入れて売っていたそうよ。

暑い国では昔から水を入れた素焼きのつぼを使って、
中の水を冷やしたり、まわりの空気を涼しくしているんだ。
とても不思議なことに思えるんだけど、これも気化熱のしくみを
利用している。素焼きのつぼには、目に見えない細《こま》かい穴《あな》が
たくさんあいていて、いつも、中の水が少しずつしみ出している。
しみ出した水は温度の高い乾《かわ》いた空気にふれて
蒸発しつづける。そのときに、気化熱の効果で、
中の水とまわりの空気から熱をうばうから、温度がさがるんだ。

蒸発して
いるよ
しみ出しているよ

素《す》焼《や》きのすだれ掛《か》けビルがある

大きな建物にも、すだれや素焼きのつぼのようなくふうがあればいいのに。

じつは素焼きのつぼと同じような材料のすだれに水をとおして、壁に取り付けたビルがあるんだ。
夏の陽ざしをさえぎり、気化熱でまわりの空気の温度をさげるから、ほかの同じような建物にくらべて冷房にたよることが少なくなるんだ。

もしかしたら、そのビルの近くをとおる人も
涼しさを感じられるってこと？
それならそういうビルが建《た》てば建つほど、まちを涼しくできるわね。
昔からの知恵も、くふうしだいでわたしたちの生活の役に立つのね。

4

まちに出て、
やりくりのタネを
さがそう!

川の水を利用しよう

わたしたちがくらすまちには、忘れられていたり、
捨てられてしまう熱がたくさんありそう。
使われていない熱や都会《とかい》の中の自然、たとえば川や土なんかを
地球温暖化防止に役立てることができないかしら。

足を川の水につけると、冷たくて気持ちがいいよね。
夏の川の水は、まわりの空気にくらべて温度が低い。だから、その川の水の冷たさを、機械をとおして近くの建物に運んで冷房に使う。そうすれば少ないエネルギーで部屋を涼しくすることができるんだ。

温度差を利用して
もっと“やりくり”

ほかにもあるよ。
井戸《いど》の水は１年中温度が変わらない。
なぜかというと、土の中の温度がいつも同じだからなんだ。

ということは土の中の温度や、井戸の水の温度は、
夏は空気より冷たいから冷房に、冬は空気より暖かいから
暖房に使うことができるんじゃないの!?

ぼくのおうちは一年中
同じ温度ですごしやすい

そのとおり。ほかにも空気との温度差を利用する方法として雪の降《ふ》る地域で、冬に積もった雪を夏までためておいて、冷房に使うことも考えられているんだ。

熱を使いきろう

清掃《せいそう》工場でゴミを燃やしたときに出る熱を利用した
温水プールに行ったことがあるの。
この熱を、プールだけでなくてそれぞれの家にうまく運ぶことが
できたら、地球温暖化対策に役に立つんじゃないかしら。

たしかに熱を運ぶ技術があれば、それぞれの家で使う暖房や
お湯を温《あたた》めるための熱としても使えるようになるね。
ほかにもたとえば、地下鉄のトンネルにたまる高い温度の熱だって、
うまく運べれば利用できるようになる。

鏡《かがみ》を利用して太陽光《たいようこう》を運ぶ

温度についてばかりではなく、灯《あか》りについても
考えたらどうかしら。

うん、鏡を使って太陽の光を室内に運ぶ方法があるんだ。
たとえば、光の入らない部屋や廊下《ろうか》や地下室を明るくするために、
鏡でできているくだ（管）で反射させて太陽の光を運ぶ。
そうすると、電気にあまりたよらなくても部屋を明るくできるでしょ。

まだまだいろいろなやりくりのタネがあるのね。
みんなでさがしに行きましょう。

5

地球のまちづくり どうすればいいの？

CO2 マン
CO2 マン
CO2 マン

みんなで電車やバスを使えばエコになる

電車やバスをみんなで使うとCO_2も交通渋滞《じゅうたい》もへっていいわよね。でもこのあいだ、おばあちゃんの家へ行くのに駅からバスに乗ったら、わたしたちのほかにだれも乗っていなかったの。これではちっともエコじゃないわ。

電車やバスはみんなが使うことで、もっとエコになる乗り物なんだ。

電車やバスが出す「二酸化炭素量」を「乗車人数」で割ると、ひとりあたりが出す「二酸化炭素量」になります。もし、自家用車よりも大きいバスにひとりやふたりしか乗っていなかったら、ひとりあたりの二酸化炭素はとても多くなり、自家用車だけでくらす方がいいということになりかねません。

ギラギラお洋服店
いらっしゃーい
スーパー
ダイナミック温泉
バナナスべり台
駅
LRTさぶろう
バスたろう

集まって住めばいいことがある

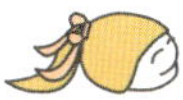
みんなが電車やバスを使うようにするのには…。
そうだ!!駅の近くに集まってくらせば
いいんじゃないかしら。そうすれば、みんな近くに住んでいるから、
ひとりやふたりしか乗らないバスはなくなりそうね。
自家用車に乗らずに、バスに乗る意味がでてくるわ。
それに集まって住めば、まちに活気がでて楽しそう。

生活に必要な施設《しせつ》や楽しくて便利な施設を駅のまわりに
集めることで、だれもがそこに住みたくなるようにしたら
いいんじゃないかな。これからお年寄りが増えるけど、
車を運転しなくても、家の近くのお店へ歩いて買物に行けるから、
そういう意味でもよさそうな気がする。みんなが集まって
住むようになれば、駅から遠い場所の建物が必要なくなって、
そこに緑が増えるかもしれないね。

大きなまちを暑くしている原因はナニ？

今年の夏はとっても暑かったけど、天気予報を見ていたら、東京や大阪は南にある沖縄よりも暑い日が何回もあったの！

都会が暑い原因のひとつは、アスファルトやコンクリートが太陽の熱をためこんでいるからなんだ。日本の大きなまちには、熱をためこむ材料でできた道路や建物がたくさんある。
それに、たくさんの人が使う自動車や冷房のような機械から温《あたた》かい空気がでているから、もっと暑くなる。

真夏の道路は、熱をためこんで表面温度が50℃以上にもなります。気温が35℃以上になる日のことを「猛暑日《もうしょび》」といいます。

沖縄《おきなわ》は暑い
だけど風が気持ちいい！

沖縄のまちにもたくさんの建物がたっているし、車の多い道路もあるわ。でもどうして、真夏《まなつ》なのに、東京や大阪より涼しい日があるの？

海に囲まれていて海からの涼しい風がまちの中まで入りやすくなっているから、暑くなりすぎたりしないんだ。

そうか!! 東京や大阪では、海に接しているところが少ないうえに、
海からの風をたくさんの高い建物がさえぎってしまう。
だから、まちの中に風が流れにくくなって、
それでどんどん暑くなってしまうのね。

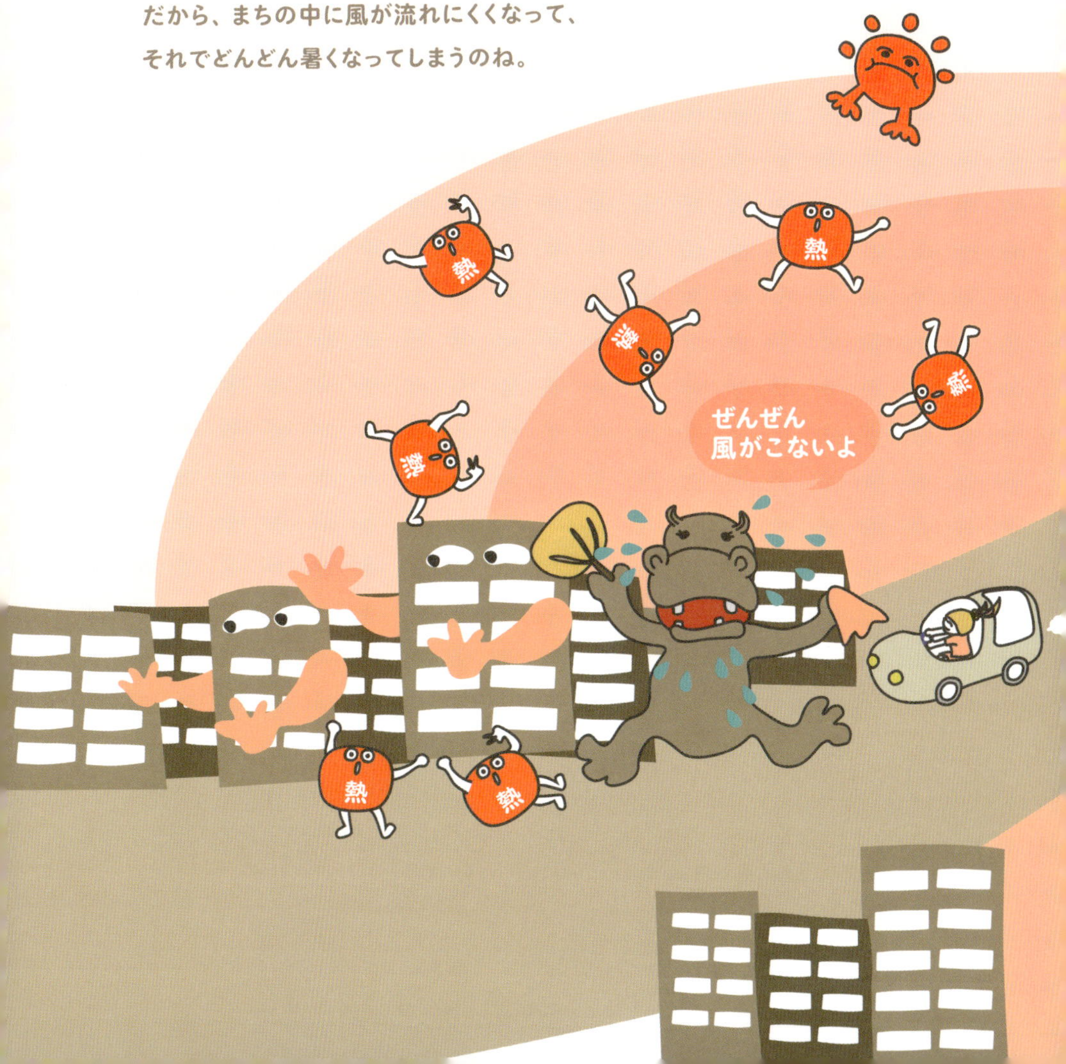

緑や川をつなげると まちが涼しくなる

大きなまちでは、これから建物をたてるときに海からの風をさえぎらないように、向きや高さをくふうしてたてると、まちが涼しくなるんだ。

そのためには、建物をたてる人は、自分の敷地《しきち》のことだけを考えていてはだめ。まち全体を見わたして、どのように風が流れているのか、どうやって風をつなげるといいのかを専門家やまちの人たちといっしょに考えるといいと思うわ。

風を涼しいまま運ぶくふうも必要ね。

海からの風をまちの中に運ぶ一番のとおり道は川だよね。
川のまわりをくふうしたらいいのかもしれない。川と連続した風のとおり道に緑を植えるんだ。緑は蒸散作用《じょうさんさよう》とすだれ効果で風を温めることなく涼しいまま、まちの中へ運ぶ装置《そうち》になる。
大きな木の木陰《こかげ》はひんやりして気持ちがいいでしょ。
それを利用するんだ。

風が注目されたり、まちに緑が増えたりすると、
涼しいだけじゃなく、きれいなまちになりそうでうれしいな。

いろいろなくふうを集めて
豊かで楽しいまちをつくろう

いろいろ考えて、いい夢たくさん見てね

おわりに

きょうから始められる こんな方法があります

ここでは、小さなことから大きなことまで、
どんな問題にも応用できて、ガリレオの時代（16～17世紀）
から現代まで、ずっと使われつづけている「PDCA」という
方法をお伝えします。
PはPLAN［計画］、DはDO［実行］、CはCHECK［評価］、
AはACT［改善］です。

たとえば、家庭の電気の使用をなるべくひかえて、
排出する二酸化炭素を減らそうと考えたとします。
まず「毎月の電気代を500円減らすことを目標に、
電灯をまめに消す」という計画を立てます［P］。
それを実行し［D］、その結果どれくらいの
電気料金が減ったのかを確認（評価）します［C］。

PはPLAN［計画］
どうしたら目標に近づけるか
計画をたてよう
DはDO［実行］
計画を実行しよう

もし計画どおりにできていなかったら、「冷蔵庫の開け閉めの回数を減らす」などの改善策を考えます［A］。そしてまた、計画を立てなおして実行します。この行動をくり返すことで、目標を達成していく方法が「PDCA」です。

まずは、身近な小さなことで「PDCA」をやってみて、少しずつ広げてゆきましょう。
PDCAは、地球環境のことばかりでなく、どんな課題にもあてはまるので、将来、みなさんひとりひとりが夢をかなえるためにも役に立つかもしれません。

PDCA をくり返しやってみよう
CはCHECK［評価］
実行の結果、どのくらい目標に近づいたかをまとめよう
AはACT［改善］
計画の良い・悪いところを分析して、次にどうしたら良いかを考えよう

15歳までに読んでおきたい

地球思いの本

宇宙飛行士・野口さんの目を借りて、「生きている地球」を感じてみよう。

野口聡一『宇宙より地球へ』（大和書房 2011）
国際宇宙ステーションから地球に届けられた、
息をのむほど美しい地球のすがたと野口さんのことば。

さまざまな問題も、きちんと向き合えば、解決法が見つかるはず。

ワールドウォッチ研究所『ジュニア地球白書 2012―13
アフリカの飢えと食料・農業』（ワールドウォッチジャパン 2013）
毎年刊行される『地球白書』を、未来をになう世代向けにわかりやすく
要約。毎年テーマがあるので、バックナンバーも参考になる。

地球のかけがえのなさを根本から考えてみよう。

島村英紀『地球環境のしくみ』（さ・え・ら書房 2008）
人間と同じように、地球も一回きりの歴史をきざんでいる。
地球のなりたちから環境問題のポイントを、わかりやすく解説。

鉄腕アトムは悲しんでいる？

手塚治虫『ガラスの地球を救え　二十一世紀の君たちへ』
（光文社 1989／知恵の森文庫 1996）
すべての生き物が共生できる世界へ。
いじめられっ子だったマンガ家がきみたちに託した最後のメッセージ。

かっこいいおとなになるために、霊長類［れいちょうるい］学者のすすめ

山極寿一『ゴリラは語る―15歳の寺子屋―』(講談社 2012)
ゴリラたちが暮らすジャングルにホームステイした先生の
「こうでなければいけない」から「こうであってもいい」へ。

子どもにしか見えない妖怪［ようかい］がいるまちなんかもいいね！

服部圭郎『若者のためのまちづくり』(岩波ジュニア新書 2013)
どんなまちが好き？ こんなまちで暮らしたい。
国内外の活動的で楽しいまちの紹介を読みすすむうち、
いつしか自分のまちをデザインしたくなる。

便利でなくとも、「昔ながら」がすてき

山本茂『京町家づくり　千年の知恵』(祥伝社 2003)
通り庭、虫籠(むしこ)窓、箱階段、ウナギの寝床ってナニ？
京都に残る木造建築の大工さんが、京都弁でわかりやすくつづる。

世界で読みつがれる「環境」をテーマにした一冊

レイチェル・カーソン『沈黙の春』青樹簗一訳(新潮文庫 1974)
長い冬を耐えた花のつぼみがひらかない、やって来るはずの鳥たちの
さえずりが聞こえない。そんな地球にしてはいけない。

あとがき

環境づくりはきっと楽しい！

『やりくりーぜちゃんと地球のまちづくり』はいかがでしたか？
地球温暖化対策について、身近な取り組みだけでなく建物やまちへと視点を広げると、二酸化炭素をよりたくさん減らせて、さらにもっと良いことがある。そんなことを感じていただけたのではないでしょうか。

この本は、私たちが2009年に作った子ども向けwebサイト「やりくり上手なやりくりーぜちゃんとけずるくん」に連載した内容をまとめなおしたものです。

私たちの所属する日建グループは都市や建物をテーマに活動しています。
これまで、設計などの仕事をとおして、簡単でシンプルな知恵を組み合わせた地球温暖化対策のためのアイデアをいくつも提案してきました。これらの提案には、理解できるとワクワクするような面白さがあり、その楽しさをぜひ子どもたちにも知ってもらいたいと思い、サイトで連載を始めました。

地球環境についてなど、大人だって解決できないことがたくさんあるのに、自分たちに現状を変えられるはずはない、と思っている子どもはたくさんいます。

でも、子どもが正しいことを始めるとき、身近な大人は、それを無視することがなかなかできません。じつは、子どもにこそ、大人を巻き込んで社会を変えていく力があるのだと思います。

「子どもたちが主体に21世紀を作っていけるように」と、国際的に展開する“Kids' ISO”という環境教育プログラムがあります。この本を作るにあたって、Kids' ISOの事務局の皆さんに何度か相談に乗っていただきました。

そして、子どもたちが大人を巻き込みながらPDCA（60–61ページ参照）を実践していくことで、少しずつ確実に、地域を変えた事例をいくつか紹介していただきました。

地球温暖化が引き起こす深刻な状況を前にすると、足がすくんでしまうかもしれませんが、このままほうっておいたら生命の危機は避けられません。
子どもたちが自分を信じ、知恵を駆使して、明るくおおらかに、住みつづけられる環境を創っていく、この本がそのきっかけになれたら幸いです。
合言葉は、「子どもがリーダー、大人はサポーター」。

2014年5月15日

日建設計総合研究所

やりくりーぜ制作チーム

memo

memo

memo

やりくりーぜちゃんと地球《ちきゅう》のまちづくり
日建設計総合研究所［にっけんせっけいそうごうけんきゅうしょ］：作・画

発行日	2014年6月25日
作画	木内千穂［NSRI：日建設計総合研究所］
著作	諸隈直子［日建設計］・木村千博［NSRI］・山本ちはる［NSRI］
監修	山村真司［NSRI］
編集・制作協力	田辺澄江　宮城安総　佐藤ちひろ［工作舎］
印刷・製本	株式会社精興社
発行者	十川治江
発行	工作舎　editorial corporation for human becoming
	〒169-0072　東京都新宿区大久保2-4-12-12F
	phone: 03-5155-8940　fax: 03-5155-8941
	URL: http://www.kousakusha.co.jp
	E-mail: saturn@kousakusha.co.jp
	ISBN978-4-87502-458-3